BEI GRIN MACHT SICH IHR
WISSEN BEZAHLT

- Wir veröffentlichen Ihre Hausarbeit,
  Bachelor- und Masterarbeit

- Ihr eigenes eBook und Buch -
  weltweit in allen wichtigen Shops

- Verdienen Sie an jedem Verkauf

Jetzt bei www.GRIN.com hochladen
und kostenlos publizieren

Johannes Glinka

Der fotografische Prozess: Von der einfachen Bildzeich-
nung zum fertigen Foto auf Fotopapier

GRIN Verlag

Bibliografische Information der Deutschen Nationalbibliothek:

Die Deutsche Bibliothek verzeichnet diese Publikation in der Deutschen National-
bibliografie; detaillierte bibliografische Daten sind im Internet über http://dnb.d-
nb.de/ abrufbar.

Impressum:

Copyright © 2012 GRIN Verlag GmbH
Druck und Bindung: Books on Demand GmbH, Norderstedt Germany
ISBN: 978-3-656-33081-3

Dieses Buch bei GRIN:

http://www.grin.com/de/e-book/206093/der-fotografische-prozess-von-der-einfa-
chen-bildzeichnung-zum-fertigen

GRIN - Your knowledge has value

Der GRIN Verlag publiziert seit 1998 wissenschaftliche Arbeiten von Studenten, Hochschullehrern und anderen Akademikern als eBook und gedrucktes Buch. Die Verlagswebsite www.grin.com ist die ideale Plattform zur Veröffentlichung von Hausarbeiten, Abschlussarbeiten, wissenschaftlichen Aufsätzen, Dissertationen und Fachbüchern.

Besuchen Sie uns im Internet:

http://www.grin.com/

http://www.facebook.com/grincom

http://www.twitter.com/grin_com

Königin-Luise-Stiftung

Berlin-Dahlem

Facharbeit

im

Methodenkurs 11 ISS

Der fotografische Prozess

Johannes Glinka

Mittwoch, 25. Januar 2012

Inhaltsverzeichnis

1. MindMap

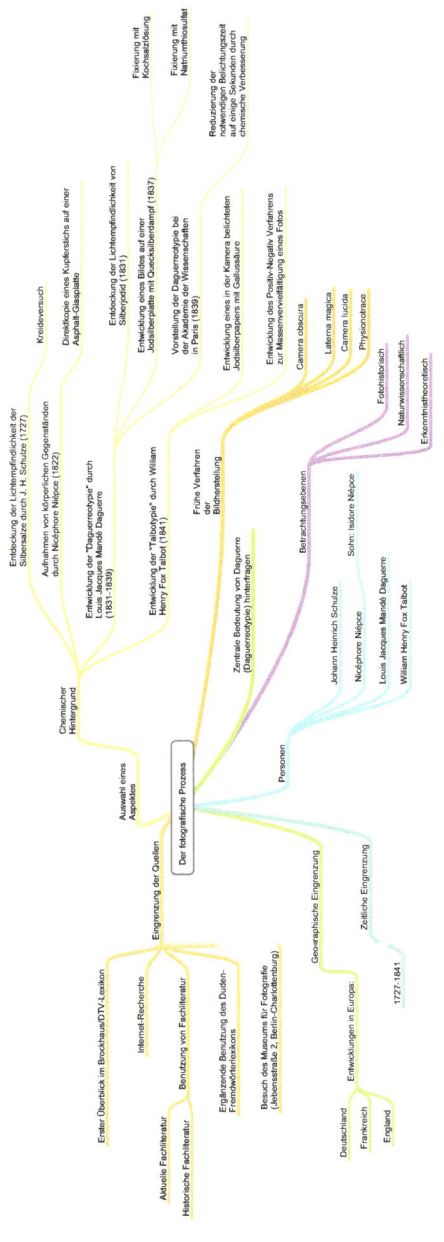

1.1.   Einleitung

Nachdem die Menschheit über viele Jahrhunderte hinweg keine wirklichkeitsgetreue Abbildung ihrer Umwelt herstellen konnte, drängte es nach einem neuen Darstellungsmittel, der Fotografie. Um 1800 widmeten sich in verschiedenen Ländern Europas, insbesondere in Deutschland, Frankreich und England Wissenschaftler diesem Problem.

Es war Johann Heinrich Schulze, der 1727 in Deutschland (Halle an der Saale) die Lichtempfindlichkeit von Salzkristallen entdeckte. Einem Franzosen, Nicéphore Niépce, gelang es die direkte Kopie eines Kupferstichs auf einer mit Asphalt beschichteten Glasplatte zu erstellen. Sein Forscherkollege, Louis Jacques Mandé Daguerre gelang 1839 der Durchbruch mit der nach ihm benannten „Daguerreotypie", einem Verfahren zur Erstellung von Bildern auf einer mit Silber beschichteten Kupferplatte als Unikat. Ein Engländer war es, der schließlich das Positiv-Negativ Verfahren in Leben rief.

Ich interessiere mich sehr für Fotografie und habe mich intensiv mit digitaler Fototechnik und digitalen Bildbearbeitungsprogrammen beschäftigt. Da aber viele berühmte Fotos mit analogen Kameras aufgenommen wurden, stellte ich mir die Frage nach den Anfängen der Fotografie. Bei der Bearbeitung des Themas erstaunte mich vor allem, welche Zeit und Mühe die Erstellung eines einzelnen Fotos damals beanspruchte und wie lange man heute für diesen Vorgang benötigt. Was 1830 mehrere Stunden an Belichtungs- und Entwicklungszeit dauerte, geschieht heute bei Digitalkameras in Bruchteilen einer Sekunde mit einem einfachen Auslösen.

1.1.2.   Themenstellung

Der fotografische Prozess stellt eine Sammelbezeichnung von chemischen Reaktionen dar, bei denen durch Belichtung auf einem Trägermaterial - der fotografischen Schicht - ein latentes Bild entsteht, das durch eine nachfolgende Entwicklung in ein für das menschliche Auge sichtbares Bild umgewandelt werden kann.

1.1.3.   Ziele der Arbeit

Mein Ziel ist es, mit wissenschaftlichen Methoden die Hintergründe des fotografischen Prozesses zu analysieren und strukturiert zusammenzufassen. Hierbei wird mein Schwerpunkt die Darstellung der chronologisch aufeinander folgenden chemischen Erfindungen der wichtigsten Forscher dieser Zeit. Das Thema ist eingegrenzt auf den Zeitraum von der Entdeckung der

Lichtempfindlichkeit von Silbersalzen (1727) bis hin zur Entwicklung des Positiv-Negativ Verfahrens als Grundlage der später folgenden Massenvervielfältigung von Fotografien (1841).

1.1.4. Voraussetzungen der Wissenschaft

Um 1800 drängt die Zeit danach, mit einem selbsttätig funktionierenden Mittel die Wirklichkeit abzubilden. Mehrere Wissenschaftler arbeiteten unabhängig voneinander an diesem Problem.

Dass intensive Sonnenstrahlung das Aussehen von Gegenständen verändern kann, war schon lange beobachtet worden. Auch hatten Wissenschaftler bereits im 16. Jh. festgestellt, dass sich Silbernitrate an der Sonne schwärzen, vgl. *Baatz, Willfried:* Geschichte der Fotografie, Seite 15.

Bevor die Fotografie ihren Siegeszug begann, traten eine Reihe optische Geräte neben die Camera obscura, die ebenfalls die Natur nachahmen wollten und unter 1.1.4.1.-1.1.4.4. dargestellt werden.

1.1.4.1. Camera obscura

Schon Aristoteles kannte das Prinzip der Lochkamera. Bei einer Lochkamera (Camera obscura) fällt Tageslicht durch ein Loch in einen lichtdicht verschlossenen Kasten. Das im Inneren entstehende realitätsgetreue Abbild erscheint seitenverkehrt und auf dem Kopf stehend auf der gegenüberliegenden Wand (vgl. Abb. 1).

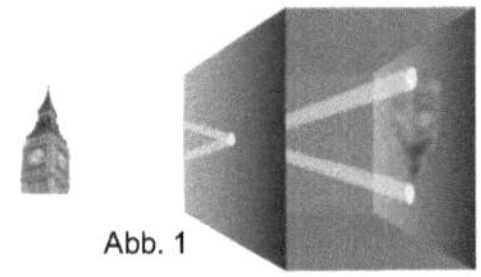

Anfangs war die Camera obscura wirklich eine begehbare, verdunkelte Kammer mit einem Loch in der Außenwand. Sie diente Künstlern als Zeichenhilfe. Im Laufe des 17. Jh.s. konstruierte man kleine, kastenförmige, mit Linsen versehene Apparate, in denen ein Umkehrspiegel angebracht war. In die Camera obscura war in der Regel eine mattierte Glasplatte integriert, die als Zeichenfläche diente. Gezeichnet wurde auf transparent gemachtem Papier. Das durch die Linse eingefangene Bild wir über den Umkehrspiegel auf die Zeichenfläche projiziert und dort abgenommen, vgl. *Baatz, Willfried:* Geschichte der Fotografie, Seite 12 & 17.

Abb. 1

1.1.4.2. Laterna magica

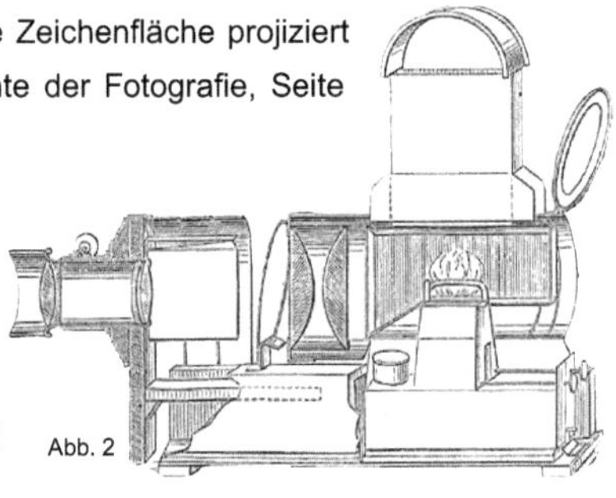

Vor dem Aufkommen der Fotografie wurden Laterna-Magica Bilder gezeichnet oder schabloniert. Hierbei

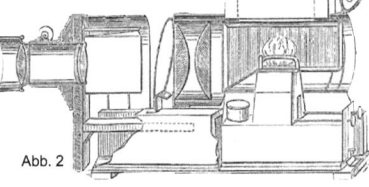
Abb. 2

6

wirft eine Lichtquelle, zum Beispiel Kerze oder Petroleumlampe, ihr Licht durch die Öffnung eines Kastens und einen dort davor geschobenen bemalten Glasstreifen. Diese Bilder werden mittels Linsen auf die Wand projiziert, vgl. *Baatz, Willfried:* Geschichte der Fotografie, Seite 17.

1.1.4.3. Camera lucida

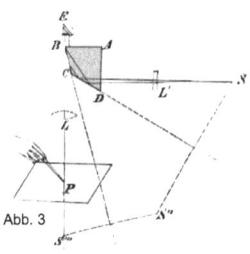

Dieses Verfahren diente dazu, Gegenstände möglichst genau und naturgetreu zu zeichnen. Bei der Benutzung schaut man auf ein Prisma, währenddessen wird mit der Hand das verkleinerte Bild nachgezeichnet, vgl. Abb. 3.

Abb. 3

1.1.4.4. Physionotrace

Auch die Physionotrace war eine Zeichenhilfe, mit der Silhouetten nachgezeichnet und verkleinert auf Metallplatten aufgetragen werden können. In Abb. 4 erkennt man ein typisches Graviergerät, in Abb. 5 eine typische, zur damaligen Zeit sehr beliebte Physionotrace (Portraitzeichnung).

Abb. 4   Abb. 5

2. Entwicklungsschritte des fotografischen Prozesses (1727-1841)

In den folgenden Abschnitten 2.1.-2.4. werden die Entwicklungsschritte der Fotografie, die sich in Deutschland, Frankreich und England vollzogen, näher erläutert:

2.1. Entdeckung der Lichtempfindlichkeit der Silbersalze durch J. H. Schulze (1727)

Im Alter von rund 40 Jahren entdeckte der Wissenschaftler und Arzt Johann Heinrich Schulze 1727 die Lichtempfindlichkeit der Silbersalze. Zuvor hatte man geglaubt, dass nicht die Lichtempfindlichkeit, sondern die Temperatur dafür sorgt, dass die Silbersalze sich verfärben. Der in Halle lebende Wissenschaftler machte ein Experiment.

2.1.1. Kreideversuch nach J. H. Schulze

Ein Reagenzglas wird zur Hälfte mit Calciumcarbonat gefüllt und durch Zugabe von wenig Wasser zu einer dickflüssigen Kalk-Wasser Aufschlämmung verrührt. Anschließend wird die Aufschlämmung mit ca. 3ml Silbernitratlösung versetzt und mit Kraftaufwand geschüttelt. Nachdem man weitere 3ml Natriumchloridlösung hinzugegeben hat, wird erneut geschüttelt. Das Reagenzglas wird mit einer Schablone aus Aluminiumfolie umwickelt und stark belichtet.

Ergebnis:
Nach 5min färbt sich die belichtete Stelle dunkel. Aus der Silbernitrat- und der Natriumchloridlösung entsteht Silberchlorid, das sich aufgrund der Aufschlämmung nicht absetzt, sondern weiterhin gleichmäßig in der Flüssigkeit verteilt bleibt. Durch Lichteinwirkung entsteht Silber, vgl. http://www.chemieunterricht.de/dc2/foto/foto-v010.htm.

Es resultiert folgende Reaktionsgleichung:

$$NaCl + AgNO_3 \rightarrow AgCl + NaNO_3$$

$$2AgCl \rightarrow Cl_2 + 2Ag$$

Der Kreideversuch weist somit die Lichtempfindlichkeit von Silbersalzen nach. Schon zuvor hatte Johann Heinrich Schulze nachgewiesen, dass sich Silbernitrat bei Sonneneinstrahlung verdunkelt. Er erhitzte Silbernitrat in einem Ofen, dabei stellte er fest, dass sich die Silbernitrate nicht verdunkelten. So konnte er ausschließen, dass die Temperatur Auslöser für die Verdunkelung sein konnte, vgl. http://www.chemie.de/lexikon/johann_Heinrich_Schulze.html.

Abb. 6

2.2. Direktkopie eines Kupferstichs auf einer Asphalt-Glasplatte

John Frederick William Herschel entdeckte die damals großartige Eigenschaft des Natriumthiosulfats ($Na_2S_2O_3$), Silbersalze zu lösen. Mit Hilfe von Asphalt auf Glas gelingt es 1819 Nicéphore Niépce, dem Vater des damals noch unbekannten Isidore Niépce, die erste lichtbeständige Kopie einer Grafik herzustellen. Die Kopie konnte jedoch von Nicéphore Niépce noch nicht fixiert werden, vgl. *Baatz, Willfried: Geschichte der Fotografie, Seite 19.*

2.2.1. Aufnahmen von körperlichen Gegenständen durch Nicéphore Niépce

Das erste Foto der Geschichte wurde von dem französischen Maler Nicéphore Niépce geschossen. Das Foto wurde acht Stunden belichtet und ist eine schwarz-weiß Aufnahme aus dem Jahr 1827. Es zeigt den Blick aus seinem Arbeitszimmer.

Die lichtempfindlich gemachte Platte wurde nach der ca. 8.-stündigen Belichtung mit Lavendelöl entwickelt. Das Lavendelöl löste die nicht durch das Licht gehärteten Stellen des Asphalts von der Platte ab.

2.3. Entwicklung der Daguerreotypie (1831-1839) durch Louis Jacques Mandé Daguerre

Der Franzose Louis Jacques Mandé Daguerre (1787-1851) besaß schon früh zeichnerisches Talent und wurde schon im Alter von 13 Jahren in die Lehre zu einem Architekten geschickt. Schließlich wurde er Maler. Sein Partner war der Maler und Lithograf Charles Marie Bouton (1781-1853), der ebenfalls Franzose war. Mit seinem Partner besaß Daguerre ein Diorama (vgl. Glossar). Eins in Paris und eins in Englands Hauptstadt London. Daguerre malte die Leinwände für das Diorama. Als Hilfe benutzte er die Camera obscura (vgl. 1.3.1.), die ihn zu fotografischen Experimenten anregte.

Joseph Nicéphore Niépce und Louis Jacques Mandé Daguerre bildeten 1829 durch einen Vertrag eine Parnerschaft. Zuvor hatte Louis Jacques Mandé Daguerre 1824 schon begonnen mit der Camera obscura mit Hilfe von lichtempfindlichen Stoffen Fotografien herzustellen, doch dies gelang ihm vorerst nicht. Erst die Zusammenarbeit mit N. Niépce brachte ihn dazu, die Suche nach geeigneteren lichtempfindlichen Stoffen fortzusetzen. Als Nicéphore Niépce 1833 unbeachtet von der Öffentlichkeit starb, hatten seine Versuche, trotz seiner Erfindung der Irisblende (vgl. Glossar), das ganze Vermögen aufgezehrt und Louis Jacques Mandé Daguerre, der ohne die „Vorarbeit" von Nicéphore Niépce sein Verfahren nicht hätte vervollständigen können, erhielt weltweite Anerkennung. Daguerre gilt auch heute noch offiziell als Erfinder des ersten praktikablen fotografischen Verfahrens, der nach seinem Namen benannten, Daguerreotypie.

Die Daguerreotypie entwickelte sich in den nachfolgenden Schritten (2.3.1.-2.3.3.):

2.3.1. Entdeckung der Lichtempfindlichkeit von Silberjodid (1831)

Man vermutet, dass Louis Jacques Mandé Daguerre, ohne die Forschungsergebnisse von Humphry Davy zu kennen, die Lichtempfindlichkeit von Silberjodid durch Zufall entdeckte. Dies berichtete er 1831 (kurz vor dem Tod von Nicéphore Niépce - 1833) seinem damaligen Partner Nicéphore Niépce.

2.3.2. Entwicklung eines Bildes auf einer Jodsilberplatte mit Quecksilberdampf (1837)

Erst 1837 gelang Daguerre der wichtigste Schritt zur Entdeckung der Lichtempfindlichkeit von Silberjodid. Er schaffte es, das vorhandene, aber nicht sichtbare Bild auf der Jodsilberplatte mit giftigen Quecksilberdämpfen zu entwickeln. Louis Daguerre belichtete eine Fotoplatte, brach den Vorgang dann aber ab, weil das Wetter nicht mitspielte. Er legte die Platte zurück in seinen Chemikalien-Schrank und entdeckte zufällig, dass sich auf der mit Jodsilber beschichteten Platte ein Bild abzeichnete.

Irgendein Stoff aus seinem Schrank musste die Belichtungszeit der Platte deutlich verkürzt haben. Er entfernte Stück für Stück alle Chemikalien und legte immer wieder eine frische Fotoplatte hinein, um herauszufinden, welcher Chemikalie die Wirkung zuzuschreiben ist. Schließlich bemerkte er kleine Quecksilberreste am Rand der Regalbretter, vgl. Video: http://www.planet-wissen.de/kultur_medien/fotografie/geschichte_der_fotografie/video_daguerre.jsp.

2.3.2.1. Fixierung der Jodsilberplatte mit Kochsalzlösung

Das inzwischen sichtbare Bild auf der Jodsilberplatte wurde anfangs mit einer Kochsalzlösung fixiert. Erst später brachte ihn ein Freund, John Frederick William Herschel (1792-1871) auf einen anderen Stoff zur Fixierung.

2.3.2.2. Fixierung der Jodsilberplatte mit Natriumthiosulfat

John F. W. Herschel empfahl Louis Jacques Mandé Daguerre den Stoff Natriumthiosulfat. Mit diesem Stoff fixierte er schließlich seine versilberten Kupferplatten. Jede Kupferplatte mit der sich darauf befindenden Fotografie war ein Unikat und zudem seitenverkehrt.

2.3.3. Vorstellung der Daguerreotypie bei der Akademie der Wissenschaften in Paris

Die Daguerreotypien erfreuten sich großer Beliebtheit in der Bevölkerung. Es galt als schick, eine Daguerreotypie zu besitzen. Auch die französische Regierung war von Daguerres Entdeckung so überzeugt, dass sie beschloss, das Verfahren für den öffentlichen Gebrauch zu kaufen. Im Gegenzug erhielten Isidore Niépce und Louis Jacques Mandé Daguerre eine lebenslange Staatsrente. Im August 1839, gab die Akademie der Wissenschaften in einer gemeinsamen Sitzung mit der Akademie der Künste die technischen Anleitungen zur Herstellung von

Daguerreotypien bekannt. Europa wurde von einer „Daguerreotypomanie" erfasst, vgl. *Mulligan, Therese/Wooters, David (Hrsg.):* Geschichte der Photographie von 1839 bis heute, Seite 40.

2.4. Die Entwicklung der „Talbotypie" durch William Henry Fox Talbot (1841)

William Henry Fox Talbot (1800-1877) arbeitete als Privatlehrer in England. Er entwickelte jenes Prinzip, auf dessen Grundlage alle modernen fotografischen Aufzeichnungssysteme beruhen: das Positiv-Negativ Verfahren (vgl. Glossar). Bei der Talbotypie handelt es sich um ein Negativverfahren, das heißt: bei der Fotografie entsteht zunächst ein Negativ (vgl. http:// de.wikipedia.org/wiki/Talbotypie).

2.4.1. Entwicklung eines in der Kamera belichteten Jodsilberpapiers mit Gallussäure

William Henry Fox Talbot in kleine Kameras, die er „Mausefallen" nannte, Papierstücke, die mit lichtempfindlichen Silberjodid behandelt waren. Diese beschichteten Papierstücke ergaben nach dem Belichten eine negative Abbildung. Er hatte erkannt, dass ein latentes (unsichtbares, verborgenes) Negativ auf einem beschichteten Papier sichtbar gemacht werden konnte, wenn er das Bild mit einer Mischung aus Gallussäure und Silbernitrat behandelte.

Das Negativ wurde anschließend mit Kaliumbromid oder Natriumthiosulfat fixiert. Um von dem Papiernegativ einen seitenrichtigen positiven Abzug zu erstellen, tauchte er das Stück Papier in heißes Wachs und machte es dadurch transparent.

2.4.2. Entwicklung des Positiv-Negativ Verfahrens zur Massenvervielfältigung eines Fotos

Weil dies erstmals die Möglichkeit schuf, beliebig viele Kopien zu erzeugen, war dies eine Schlüsseltechnologie. Erstmals konnte ein Abzug auf modernem Fotopapier hergestellt werden. Dies stellte gegenüber den Daguerreotypien einen großen Vorteil dar, da diese nur Unikate und demnach nicht zu vervielfältigen waren. Nachdem diese Idee Standard bei den meisten auf Glasplatten basierenden Verfahren geworden war, griff auch George Eastman (1854–1932), Gründer der Firma Kodak, sie auf und entwickelte daraus die Basistechnologie heutiger Negativfilme. Der Grundstein für die Entwicklung des Rollfilms, den wir zur Entwicklung von analog geschossenen Fotos „benutzten", war also bereits durch William Talbot gelegt.

3. Kritische Betrachtung der Quellenangaben zur Bedeutung der Daguerreotypie

Während die meisten Quellen übereinstimmend davon ausgehen, dass die Daguerreotypie den Grundstein für die Entwicklung der modernen Fotografie gesetzt hat, kann man dies auch anders sehen. So fällt bei einer kritischen Analyse der wissenschaftlichen Tätigkeit von William Henry Fox Talbot auf, dass Daguerre möglicherweise nicht der Einzige war, dem der Ruhm der Erfindung der Fotografie zustand. Es drängt sich auf, dass die französische Akademie der Wissenschaften eine sehr entscheidende Rolle spielte. Hätte sie nicht 1839 die Erfindung der Daguerreotypie angekauft, wäre Talbot möglicherweise der Erste gewesen, der mit seiner Talbotypie derartige Berühmtheit erlangt hätte. Bei genauerem Hinschauen bemerkt man, dass Talbot bereits 1834 - also fünf Jahre vor der Veröffentlichung der Daguerreotypie - Fotogramme erstellte. Bei genauer Betrachtung kann man feststellen, dass die Bedeutung eines Entwicklers nicht nur von der Qualität seiner Erfindung, sondern auch von seiner Fähig zur Vermarktung der Entdeckung abhängt.

4. Anhang

4.1. Glossar

Begriff	Erklärung
Camera lucida	Gerät zum Abzeichnen von Gegenständen nach der Natur. Es besteht aus einem vierseitigen Prisma, dessen Bild dem Auge einen Natureindruck vermittelt. Bei der Benutzung wird auf das Prisma geschaut, während mit der Hand das verkleinerte prismatische Bild nachgezeichnet werden kann.
Camera obscura	In einen lichtdicht verschlossenen Kasten fällt durch ein Loch Tageslicht. Das im Inneren entstehende naturgetreue Abbild erscheint seitenverkehrt und kopfstehend auf der gegenüberliegenden Wand.
Diorama	Hierunter versteht man einen Schaukasten mit Modellfiguren und Landschaften. Daguerres Diorama war berühmt für die aufwendig bemalten Hintergründe, die auch auf Bühnen Verwendung fanden.
Direktpositiv-Verfahren	Beim Direktpositiv führt die Lichteinwirkung zu einer Aufhellung des Fotomaterials. Direktpositive sind immer Unikate, sie können nicht dupliziert werden.
Heliographie	1826/27 durch J.N. Niépce entwickeltes Verfahren, um Bilder der Camera obscura haltbar zu machen. Seine Versuche, die er auf Stein, Glas und vor allem auf mit Silber beschichteten Kupferplatten machte und bei denen er ein, wenn auch noch sehr schlechtes, positives Bild erhielt, waren Grundlage für die Erfindung der Daguerreotypie.
Irisblende	Die Irisblende ist eine Blende mit einer variablen, bzw. Vergrößer- oder verkleinerbaren, Öffnungsweite. Die Öffnung bleibt immer kreisförmig.

Begriff	Erklärung
Kontaktabzug/-kopie	Im direkten Kontakt mir dem Negativ hergestelltes Positivbild, d. h. das Negativformat war immer mit dem Format des Abzugs identisch. Entsprechend groß und schwer mussten mitunter die Kameras und Objektive im 19. Jh. Sein, wollte man großformatige Positivkopien herstellen, Vergrößerungen waren kaum möglich. Auch heute werden 1:1-Abzüge vom Negativ als Kontaktabzüge bezeichnet.
Laterna magica	Eine Lichtquelle, z. B. Kerze oder Petroleumbrenner, wirft ihr Licht, verstärkt und reflektiert durch einen Hohlspiegel, durch die Öffnung eines Kastens und dort davor geschobene bemalte Glasstreifen. Diese Bilder werden mittels Linsen auf die Wand projiziert.
Negativ/Positiv-Verfahren	Verfahren, bei dem vom fotografischen Negativ in einem Kopierverfahren Positive auf Fotopapier oder Film hergestellt, also in der Regel Papierbilder von Negativen erzeugt werden. In der Farbfotografie werden hier im Gegensatz zu Umkehrverfahren, wo vom Negativfilm ein Positivfilm erzeugt wird, Farbpositive von Farbnegativen hergestellt.
Physionotrace	Zeichenhilfe und zugleich Graviergerät, mit dem Silhouetten nachgezeichnet und verkleinert auf Metallplatten aufgetragen werden können. Diese Platten werden anschließend gedruckt.
Salzpapier	Auskopiertes chlorsilberhaltiges Papier für Kalotypien/ Talbotypien (als Kalotypien/Talbotypien gelten Abzüge vom Papiernegativ aus der Zeit von 1840 bis ca. 1855).
Silberhalogenide	In den meisten fotografischen Verfahren als lichtempfindliche Substanzen verwendete Silbersalze der Halogenwasserstoffsäuren, die bei einer Belichtung metallisches Silber bilden, das im Entwicklungsvorgang dann geschwärzt wird.

Begriff	Erklärung
Silbersalzdiffusions-Verfahren	Spezielles Kopierverfahren mit Silberhalogeniden, etwa bei Bürokopierern, auf dessen Basis auch die Sofortbild-Verfahren (z. B. Polaroid) beruhen. Bei diesem Verfahren wandern (diffundieren) komplette Silbersalze in eine Positivschicht ab, um dort ein Bild herzustellen.

4.2.   Chronologie der Fotografie

Jahr	Ereignis
1798	Die Brüder Claude und Joseph Nicéphore Niépce machen erste Experimente. Ihr Ziel ist es, die in der Camera obscura (vgl. Glossar) erzeugten Bilder chemisch zu fixieren.
1802	Thomas Wedgewood veröffentlicht in London einen „Bericht über eine Methode, Glasbilder zu kopieren und Silhouetten herzustellen durch Einwirkung von Licht auf Silbernitrat."
1816	Niépce macht erste Papierfotografien mit selbstgebauten Kameras aus dem Fenster seines Arbeitszimmers in Chalon-Sur-Saone.
1819	John F. W. Herschel entdeckt die Eigenschaft des Natriumthiosulfats, Silbersalze zu lösen. Niépce gelingt mit Hilfe von Asphalt auf Glas die erste lichtbeständige heliographische Kopie einer Grafik.
1826	Durch den Optiker Vincent Chevalier lernt N. Niépce den Maler und Besitzer eines berühmten Dioramas (vgl. Glossar) kennen.
1827	Niépce belichtet acht Stunden den Blick aus dem Fenster seines Arbeitszimmers auf einer mit Asphalt lichtempfindlich gemachten Zinnplatte die erste erhalten gebliebene, lichtbeständige Fotografie. Hierbei handelt es sich um ein Direktpositiv (vgl. Glossar).
1829	Gesellschaftervertrag zur Verwertung der fotografischen Erfindung von Niépce und Daguerre. Beide stehen in ständigem Briefkontakt und berichten sich wechselseitig, wie die eine oder andere chemische Substanz reagiert.
1833	Nicéphore Niépce stirbt. Daguerre arbeitet mit dem Sohn Isidore Niépce weiter.
1834	Der Engländer, William Henry Fox Talbot beginnt auf Lacock Abbey mit fotografischen Versuchen auf lichtempfindlichen Papier.
1835	William Henry Fox Talbot fotografiert das Fenster seiner Bibliothek von innen: Er fertigt so das erste Negativ. Mit seinen kleinen Kameras, sogenannten Mausefallen, gelingen ihm mehrere Negativaufnahmen seines Landsitzes. Trotz seiner Erfolge setzt Talbot die Versuche erst fort, als Daguerres Verfahren 1839 bekannt wird.
1837	Daguerre findet nach langen Versuchen und ohne Kenntnis der Talbotschen Forschungsergebnisse ein Fixiermittel: Kochsalzlösung.

Jahr	Ereignis
1839	Die französische Regierung berät den Ankauf der Erfindung Daguerres. Arago verkündet Einzelheiten der Erfindung von Niépce und Daguerre auf einer gemeinsamen Sitzung der >Académie des Sciences< und der >Académie des Beaux-Arts<. Sowohl Isidore Niépce, der Sohn von Nicéphore Niépce als auch Louis Jacques Mandé Daguerre erhielten eine lebenslange Staatsrente von der französischen Regierung.
1840	Talbot entdeckt die Kalotypie/Talbotypie, die positive Salzpapierkopie vom Papiernegativ. Es ist das erste Verfahren, mit dem man beliebig viele Kopien herstellen kann.

4.3. Quellenverzeichnis

Legende:

Nummer	Inhalt	Farbe
4.3.1.	Materialien aus Prinquellen	
4.3.2.	Materialien aus dem Internet	

Quelle	Titel
Buch (Dumont)	*Baatz, Willfried:* Geschichte der Fotografie, Köln 1997
Buch (Taschen)	*Mulligan, Therese/Wooters, David (Hrsg.):* Geschichte der Photographie von 1839 bis heute, Köln 2010
Buch (Knapp)	*Eder, J. M. (Hrsg.):* Quellenschriften zu den frühesten Anfängen der Photographie, Halle 1930
Buch (Julius Springer)	*Hay, Alfred:* Handbuch der wissenschaftlichen und angewandten Photographie, 1931
Lexikon (Wiesbadener Verlag Eberhard)	*F. A. Brockhaus GmbH:* Brockhaus 4. Band, Wiesbaden 1960 (S. 172 ff.)
Lexikon (DTV)	*F. A. Brockhaus GmbH:* dtv-Lexikon Band 6 PAS-QUA, Mannheim 1982 (S. 119 ff.)
Lexikon (Könemann)	*Schümer, Ursula (Hrsg.):* Das große Schülerlexikon von A - Z, Köln 2000
Lexikon (Dudenverlag)	*Müller, Wolfgang (Hrsg.):* Duden „Fremdwörterbuch" 4. Auflage, Mannheim/Wien/Zürich 1982
Zeitungstext (Internet)	http://www.bild.de/news/ausland/fotografie/224-jahre-erfinder-der-fotografie-21088302.bild.html
Internet	http://www.planet-wissen.de/kultur_medien/fotografie/geschichte_der_fotografie/index.jsp
Internet	http://www.planet-wissen.de/kultur_medien/fotografie/geschichte_der_fotografie/video_daguerre.jsp

Quelle	Titel
Internet	http://www.techniklexikon.net/d/silberhalogenide/silberhalogenide.htm
Internet (Referat)	*Frommhold, Birgit:* Der fotografische Prozess (http://www.chemie.uni-regensburg.de/Anorganische_Chemie/Pfitzner/demo/demo_ss04/foto.pdf), Universität Regensburg 2004
Internet	http://www.gifte.de/Chemikalien/silbernitrat.htm
Internet	http://www.daguerreotypie.de/Seite1.html
Internet	http://www.photographischegesellschaftzubremen.de/index.php?option=com_content&view=article&id=272&Itemid=152
Internet	http://www.smb.museum/smb/standorte/index.php?lang=de&p=2&objID=6124&n=12
Internet	http://www.seilnacht.com/Lexikon/AgCl.htm
Internet	http://www.seilnacht.com/versuche/filtrier.html
Internet	http://www.fotomuseum-goerlitz.de/geschichte.htm
Internet	http://www.chemie.de/lexikon/Fotochemie.html
Internet	http://www.chemie.de/lexikon/Johann_Heinrich_Schulze.html
Internet	http://www.chemie.de/lexikon/Fotolithografie.html
Internet	http://www.deutsche-biographie.de/sfz79451.html

Quelle	Titel
Internet	http://www.iml.unibas.ch/SKRIPTEN/ReseauCinema/ Bildgebende_Systeme_SW_Analog.pdf (Seite 6 ff.)
Internet	http://www.astronautenbar.de/2009/10/18/nicephore-niepce-das-erste-foto-der-welt/
Internet	http://www.deutsches-museum.de/ausstellungen/kommunikation/foto-film/
Internet (Studienarbeit)	http://www.dmuenzberg.de/dagotyp.htm
Internet/Lexikon (Wikipedia)	http://de.wikipedia.org/wiki/Johann_Heinrich_Schulze
Internet/Lexikon (Wikipedia)	http://de.wikipedia.org/wiki/Schwarzwei %C3%9Ffotografie#Daguerreotypie
Internet/Lexikon (Wikipedia)	http://de.wikipedia.org/wiki/Talbotypie
Internet/Lexikon (Wikipedia)	http://de.wikipedia.org/wiki/Joseph_Nicéphore_Nièpce
Internet/Lexikon (Wikipedia)	http://de.wikipedia.org/wiki/William_Henry_Fox_Talbot

4.4. Bildverzeichnis

Nummer der Abbildung	Link des Bildes
Abb. 1	http://upload.wikimedia.org/wikipedia/commons/9/9d/Lochkamera_prinzip.jpg
Abb. 2	http://upload.wikimedia.org/wikipedia/commons/8/85/Laterna_magica.png
Abb. 3	http://experimentis.de/ImgExtern/Wiki_Cameralucida.gif
Abb. 4	http://1.bp.blogspot.com/_vRMZ_wYm4dI/S80OyIg1GFI/AAAAAAAAANg/CbNcgDM4EEU/s1600/PhysionotraceFrontEM.jpg
Abb. 5	http://www.kiefer.de/Abbildungen/70/70-5425.jpg
Abb. 6	http://www.astronautenbar.de/wp-content/uploads/2009/10/Nicéphore-Nièpce.jpg